Un Organismo Vivo Llamado Tierra

La Geofísica del Planeta

Versión en español

JOSÉ RUIZ WATZECK

W353o Watzeck, José Ruíz, 1977

Un Organismo Vivo Llamado Tierra - La Geofísica del Planeta - José Ruiz Watzeck

1ra Edición - São Paulo, Brasil 2020.
Libro electrónico 2,29Mb
Versión inglesa

1º Geopolítica. 2º El valor estratégico de la ionosfera.

IA Organismo Vivo Llamado Tierra - La Geofísica del Planeta

DDC: 550

Resumen

Capítulo 1- Las tormentas 7
Capítulo 2 - Antártida 21
Capítulo 3- Plancton y Fitoplancton 35
Capítulo 4- La Selva Amazónica 45
Capítulo 5- El fuego 49
Capítulo 6 - El Sol 54
Capítulo 7- La atmósfera terrestre 62
Capítulo 8 - Seres humanos 66
Referencias bibliográficas 69

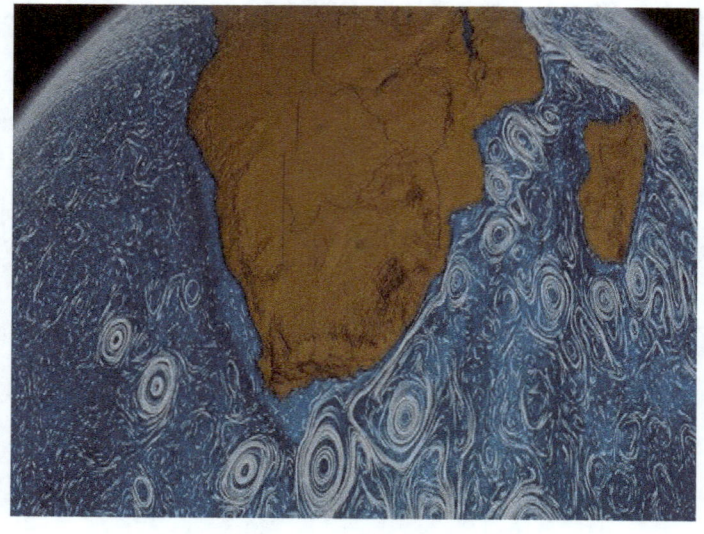

Prefacio

Los fenómenos naturales y ocultos que asolan nuestro planeta, ahora, gracias a las tecnologías más sofisticadas, nos permiten estudiarlos de una forma sin precedentes, los satélites escanean todo el planeta y revelan una enorme riqueza de detalles. Nunca en la historia de la humanidad hemos tenido un relato de este planeta, un organismo vivo y dinámico con propiedades muy relevantes. En este trabajo conoceremos como todo el planeta está interconectado, como todo está íntimamente conectado, de un punto a otro del globo, a través de la tecnología, nos sumergiremos en los océanos y juntos entenderemos que es el desierto del Sahara. interfiere con el Amazonas, lo que las enormes plataformas de hielo en la Antártida contribuyen a mantener un clima armonioso de temperaturas oceánicas, porque el fuego que se produce naturalmente ayuda a la renovación de los más diferentes tipos de vida en la Tierra, cómo y por qué se dan al amanecer, cómo funciona realmente el cline global, en el cual, las corrientes marinas interfieren en la distribución del calor a los hemisferios. Entendamos por qué una de las capas de la Tierra conocida como Ionosfera, formada por Hidrógeno y Helio actúa como conductor eléctrico, distribuyendo toda la carga del rayo en la atmósfera de todo el planeta. Las reacciones químicas de las nubes, y qué tienen que ver las descargas eléctricas con la formación de Nitrato. Como estos satélites nos muestran la energía emitida por nuestra estrella, la radiación ultravioleta, fracciones de protones, electrones y neutrones desechados por el espacio, pulsos electromagnéticos y la eyección de masa coronal.

A partir de ahora, contaremos con la ayuda de un conjunto de satélites, para que podamos, de forma científica, entender cómo funciona nuestro planeta. Cada segundo, estos equipos registran, miden y transmiten miles de terabytes de datos, y solo con estos datos podemos, por primera vez, hacer un análisis digital del planeta Tierra.

Para que podamos secuenciar este estudio, necesitamos saber cuáles son estas herramientas que están orbitando la Tierra, que si no existieran, este estudio nunca sería posible.

El primer satélite que nos ayuda a comprender el clima es la Tierra (EOS SER-2), un proyecto de investigación multinacional de la NASA que se centra principalmente en el Sistema de Observación de la Tierra (EOS). El satélite fue lanzado en la Base Aérea de Vandenberg el 18 de diciembre de 1999, a bordo del Atlas

II, y comenzó a recopilar datos el 24 de febrero de 2000 (EOS). La Tierra lleva una carga de cinco sensores remotos, diseñados para monitorEl medio ambiente de la Tierra y el cambio climático. Este satélite resultó en más de 15 años de análisis y recopilación de datos.

Los otros satélites son Aqua (EOS PM-1), un estudio multinacional de satélites en órbita alrededor de la Tierra, diseñado por la NASA, con el objetivo de analizar la precipitación, la evaporación y el ciclo del agua. Es el segundo componente principal del Sistema de Observación de la Tierra (EOS) justo después de la Tierra (lanzado en 1999). Aqua se lanzó el 4 de mayo de 2002 desde Vandenberg Air, a bordo de un Boeing acoplado a un Delta II. El satélite en órbita síncrona de helio. Orbita a una altitud de 705 km liderando una formación llamada "tren" con varios otros satélites Aura, CALIPSO, CloudSat y el francés PARASOL). Dispone de seis instrumentos para estudios del agua en superficie y de la atmósfera terrestre.

Aura(EOS CH-1) es un proyecto de investigación multinacional de la NASA. El Satélite está en órbita alrededor del planeta Tierra, analizando la capa de ozono, la calidad del aire y el clima. Es el tercer componente principal del Sistema de Observación de la Tierra (EOS), siendo primerodos:

TIERRA (lanzado en1999) y Aqua (lanzada en 2002), respectivamente. El nombre "Aura" proviene de la palabra latina para "aire". El satélite fue lanzado un t Vandenberg Air el 15 de julio de 2004 a bordoun cohete Boeing Delta II 7920-10L. El Aura orbita con el llamado "Tren A", un conjunto de varios otros satélites que transportan cuatro instrumentos para estudios de química atmosférica.

También contamos con el SDO (Solar Dynamics Observatory), una sonda no tripulada de la NASA, que estudia los procesos del Sol que afectan directamente a la vida en la Tierra, y cuyo lanzamiento tuvo lugar en Cabo Cañaveral el 11 de febrero de 2010. Contiene cuatro telescopios incrustados en su estructura. , dos paneles solares y dos antenas de largo alcance. Entre sus principales instrumentos se encuentran el Extreme Ultraviolet Variability Experiment, que medirá la radiación ultravioleta de la estrella en alta definición, el Heliosismatic and Magnetic Imager, que estudiará la variación y características del interior solar, y los componentes de la actividad magnética en su interior. superficie. Además, porta el revolucionario Ensamblaje de Imágenes Atmosféricas, capaz de transmitir imágenes de todo el disco solar, en franjas de ultravioleta e infrarrojo, no alcanzadas antes por sus predecesores.

Capítulo 1- Las tormentas

En agosto de 2005, a unos 400 kilómetros de la costa noroeste de África, en un archipiélago volcánico, se encuentra la isla de Cabo Verde, la época más calurosa del año, en un período de cada 72 horas, las tormentas agitan las aguas del océano local. Un cúmulo de enormes nubes comienza a formarse, un vasto evento que afectará al mundo entero, solo con la última palabra en tecnología espacial fue posible entender tales fenómenos. A unos 700 kilómetros de altura, el satélite Aqua registra una elevación en la temperatura del agua, con un sistema de escaneo infrarrojo, señala que el océano ha alcanzado la temperatura crítica de 26°C, con grandes áreas más calentadas, comienza a evaporarse muy rápidamente, este vapor absorbe el el calor del océano se transfiere inmediatamente al aire. Con gran capacidad, el agua comienza a transportar energía, que se desatará en destrucción total en otras partes del mundo. La especificidad de este satélite (Aqua) para rastrear el vapor de agua nos muestra solo una pequeña escala específica de una interacción entre el océano, el aire y el sol, sin que ningún ser humano pueda verlo a simple vista. Se evaporan unas 200 toneladas de agua por hora. Un proceso que consume energía en comparación con una modesta central nuclear, a 1000 metros de altura, este vapor se condensa en forma de nubes, liberando calor e intensificando la temperatura del aire en varios grados. A medida que el aire se calienta, comienzan a producirse poderosos vientos verticales, elevando estas nubes a aproximadamente 15 kilómetros de altura, ya que la celda de tormenta aumenta el efecto de la rotación de la Tierra sobre la fuerza para rotar. Estas gigantescas nubes, fusionándose en forma circular, en este momento somos testigos del nacimiento de un La especificidad de este satélite (Aqua) para rastrear el vapor de agua nos muestra solo una pequeña escala específica de una interacción entre el océano, el aire y el sol, sin que ningún ser humano pueda verlo a simple vista. Se evaporan unas 200 toneladas de agua por hora. Un proceso que consume energía en comparación con una modesta central nuclear, a 1000 metros de altura, este vapor se condensa en forma de nubes, liberando calor e intensificando la temperatura del aire en varios grados. A medida que el aire se calienta, comienzan a producirse poderosos vientos verticales, elevando estas nubes a aproximadamente 15 kilómetros de altura, ya que la celda de tormenta aumenta el efecto de la rotación de la Tierra sobre la fuerza para rotar. Estas gigantescas nubes, fusionándose en forma circular, en este momento somos testigos del nacimiento de un La especificidad de este satélite (Aqua) para rastrear el vapor de agua nos muestra solo una pequeña escala específica de una interacción entre el océano, el aire y el sol, sin que ningún ser humano pueda verlo a simple vista. Se evaporan unas 200 toneladas de agua por hora. Un proceso que consume energía en comparación con una modesta central nuclear, a 1000 metros de altura, este vapor se condensa en forma de nubes, liberando calor e intensificando la temperatura del aire en varios grados. A medida que el aire se calienta, comienzan a producirse poderosos vientos verticales, elevando estas nubes a aproximadamente 15 kilómetros de altura, ya que la celda de tormenta aumenta el efecto de la rotación de la Tierra sobre la fuerza para rotar. Estas gigantescas nubes, fusionándose en forma circular, en este momento somos testigos del nacimiento de un sin que ningún ser humano pueda ver a simple vista. Se evaporan unas 200 toneladas de agua por hora. Un proceso que consume energía en comparación con una modesta central nuclear, a 1000 metros de altura, este vapor se condensa en forma de nubes, liberando calor e intensificando la temperatura del aire en varios grados. A medida que el aire se calienta, comienzan a producirse poderosos vientos verticales, elevando estas nubes a aproximadamente 15 kilómetros de altura, ya que la celda de tormenta aumenta el efecto de la rotación de la Tierra sobre la fuerza para rotar. Estas gigantescas nubes, fusionándose en forma circular, en este momento somos testigos del nacimiento de un sin que ningún ser humano pueda ver a simple vista. Se evaporan unas 200 toneladas de agua por hora. Un proceso que consume energía en comparación con una modesta central nuclear, a 1000 metros de altura, este vapor se condensa en forma de nubes, liberando calor e intensificando la temperatura del aire en varios grados. A medida que el aire se calienta, comienzan a producirse poderosos vientos verticales, elevando estas nubes a aproximadamente 15 kilómetros de altura, ya que la celda de tormenta aumenta el efecto de la rotación de la Tierra sobre la fuerza para rotar. Estas gigantescas nubes, fusionándose en forma circular, en este momento somos testigos del nacimiento de un liberando calor e intensificando la temperatura del aire en varios grados. A medida que el aire se calienta, comienzan a producirse poderosos vientos verticales, elevando estas nubes a aproximadamente 15 kilómetros de altura, ya que la celda de tormenta aumenta el efecto de la rotación de la Tierra sobre la fuerza para rotar. Estas gigantescas nubes, fusionándose en forma circular, en este momento somos testigos del nacimiento de un liberando calor e intensificando la temperatura del aire en varios grados. A medida que el aire se calienta, comienzan a producirse poderosos vientos verticales, elevando estas nubes a aproximadamente 15 kilómetros de altura, ya que la celda de tormenta aumenta el efecto de la rotación de la Tierra sobre la fuerza para rotar. Estas gigantescas nubes, fusionándose en forma circular, en este momento somos testigos del nacimiento de un

huracán. Con los datos enviados por los satélites podemos concluir que un huracán es una inmensa central eléctrica producida por la naturaleza. Siendo monitoreado y acompañado por la ISS (Estación Espacial Internacional) y traducido al portugués (Estación Espacial Internacional), el huracán avanza rápidamente a través del Atlántico hacia el sureste de América del Norte, en pocas horas ingresa al Golfo de México, donde las aguas más cálidas mejoran la tormenta. En este momento, podemos decir que la gente de este lugar está a punto de presenciar el poder del sol en el océano.

En este momento, uno de los huracanes más devastadores de la región, el huracán Katrina, una tormenta tropical que alcanzó categoría tres en la escala terrestre Saffir-Simpson y categoría cinco en el océano Atlántico, con rachas superiores a los 280 kilómetros por hora, con presión menor de 902 mbar1, dejó la cifra de 1.883 muertos y llegando a las zonas deBahamas, Florida del Sur, Nueva Orleans, Alabama, Mississippi, Luisiana. Esta es la capacidad física del agua para retener y liberar energía. Sin embargo, por devastador que haya sido este fenómeno para la población local, el mundo debe su vida al proceso que produjo la tormenta, por la sencilla razón de que cuando el océano alcanza una temperatura demasiado alta, estas tormentas son su válvula de escape, redistribuyendo el calor por todo el planeta. y equilibrar el clima global. Este huracán específico ayudó a enfriar extensas franjas del Atlántico a más de 4º C, reequilibrando el océano. Y este fenómeno es solo un pequeño detalle en un proceso sumamente complejo y a través de los satélites podemos afirmar que todo está interconectado de manera planetaria, literalmente, son estas conexiones ocultas las que nos mantienen vivos.

A medida que la Tierra gira sobre su eje, varios satélites registran y analizan numerosos datos, como la temperatura, las cargas eléctricas, las presiones e incluso el lento proceso de deriva continental. A través de la tecnología podemos entender por qué partes de la planta son fértiles y otras completamente muertas.

São Paulo, mes de junio, 22° C, los ciudadanos inician otra jornada de trabajo, con vientos inferiores a 12 km, a poco más de 14.000 km de este punto, en la ciudad de Delhi en India, los habitantes sufren con lluvias torrenciales, en A los pocos minutos, las calles se inundan e intransitables, en ese mismo instante, un incendio forestal arrasa el norte de Australia y en la costa de China más precisamente en la ciudad de Shanghai, las granizadas castigan la región.

Antes de la tecnología, tales eventos parecían no tener conexión entre ellos, cuando en realidad, todos están interconectados. Con el cruce de datos de cinco satélites diferentes, revela una capa del sistema, la atmósfera dinámica que encapsula el mundo entero. Con todos estos datos podemos observar como la atmósfera lleva la humedad a lo largo del planeta, como el vapor es invisible, solo con imágenes de satélite podemos seguir este fenómeno. Cuando aplicamos estos datos a un modelo con la forma de la Tierra, se obtienen nuevas perspectivas, cada clima global es conducido por un solo proceso, la región alrededor del ecuador recibe la mayor incidencia de energía solar, produciendo alrededor del 65% de todo el vapor. , que siempre viaja de la misma manera sintiéndose hacia los polos, conducida por los vientos dominantes y la rotación planetaria. En el hemisferio norte girando en sentido horario, grandes espirales de vapor se extienden por más de 3.000 km, ya en el hemisferio sur girando en sentido antihorario, la Tierra está en busca de un equilibrio que nunca alcanzará. A medida que estos vientos cargados de vapor alcanzan las masas continentales del planeta, se producen condiciones climáticas específicas en cada lugar. Podemos citar como ejemplo finales de julio en el oeste de la India, el aire cálido y húmedo empujado hacia arriba por una capa de montañas llamada Catis, se elevan gigantescas nubes, el resultado de este fenómeno son las lluvias monzónicas, trillones de toneladas de agua caen desde el cielo, transformando la región seca en fértiles llanuras, en China, gracias a estas lluvias, miles de arrozales se ven beneficiados, llevando alimentos a más de 3.600 millones de personas, casi la mitad de la población mundial. Por otra parte. grandes espirales de vapor se extienden por más de 3.000 km, ya en el hemisferio sur girando en sentido antihorario, la Tierra está en busca de un equilibrio que nunca alcanzará. A medida que estos vientos cargados de vapor alcanzan las masas continentales del planeta, se producen condiciones climáticas específicas en cada lugar. Podemos citar como ejemplo finales de julio en el oeste de la India, el aire cálido y húmedo empujado hacia arriba por una capa de montañas llamada Catis, se elevan gigantescas nubes, el resultado de este fenómeno son las lluvias monzónicas, trillones de toneladas de agua caen desde el cielo, transformando la región seca en fértiles llanuras, en China, gracias a estas lluvias, miles de arrozales se ven beneficiados, llevando alimentos a más de 3.600 millones de personas, casi la mitad de la población mundial. Por otra parte. grandes espirales de vapor se extienden por más de 3.000 km, ya en el hemisferio sur girando en sentido antihorario, la Tierra está en busca de un equilibrio que jamás alcanzará. A medida que estos vientos cargados de vapor alcanzan las masas continentales del planeta, se producen condiciones climáticas específicas en cada lugar.

Podemos citar como ejemplo finales de julio en el oeste de la India, el aire cálido y húmedo empujado hacia arriba por una capa de montañas llamada Catis, se elevan gigantescas nubes, el resultado de este fenómeno son las lluvias monzónicas, trillones de toneladas de agua caen desde el cielo, transformando la región seca en fértiles llanuras, en China, gracias a estas lluvias, miles de arrozales se ven beneficiados, llevando alimentos a más de 3.600 millones de personas, casi la mitad de la población mundial. Por otra parte. Ya en el hemisferio sur girando en sentido contrario a las agujas del reloj, la Tierra está en busca de un equilibrio que nunca alcanzará. A medida que estos vientos cargados de vapor alcanzan las masas continentales del planeta, se producen condiciones climáticas específicas en cada lugar. Podemos citar como ejemplo finales de julio en el oeste de la India, el aire cálido y húmedo empujado hacia arriba por una capa de montañas llamada Catis, se elevan gigantescas nubes, el resultado de este fenómeno son las lluvias monzónicas, trillones de toneladas de agua caen desde el cielo, transformando la región seca en fértiles llanuras, en China, gracias a estas lluvias, miles de arrozales se ven beneficiados, llevando alimentos a más de 3.600 millones de personas, casi la mitad de la población mundial. Por otra parte. Ya en el hemisferio sur girando en sentido contrario a las agujas del reloj, la Tierra está en busca de un equilibrio que nunca alcanzará. A medida que estos vientos cargados de vapor alcanzan las masas continentales del planeta, se producen condiciones climáticas específicas en cada lugar. Podemos citar como ejemplo finales de julio en el oeste de la India, el aire cálido y húmedo empujado hacia arriba por una capa de montañas llamada Catis, se elevan gigantescas nubes, el resultado de este fenómeno son las lluvias monzónicas, trillones de toneladas de agua caen desde el cielo, transformando la región seca en fértiles llanuras, en China, gracias a estas lluvias, miles de arrozales se ven beneficiados, llevando alimentos a más de 3.600 millones de personas, casi la mitad de la población mundial. Por otra parte. A medida que estos vientos cargados de vapor alcanzan las masas continentales del planeta, se producen condiciones climáticas específicas en cada lugar. Podemos citar como ejemplo finales de julio en el oeste de la India, el aire cálido y húmedo empujado hacia arriba por una capa de montañas llamada Catis, se elevan gigantescas nubes, el resultado de este fenómeno son las lluvias monzónicas, trillones de toneladas de agua caen desde el cielo, transformando la región seca en fértiles llanuras, en China, gracias a estas lluvias, miles de arrozales se ven beneficiados, llevando alimentos a más de 3.600 millones de personas, casi la mitad de la población mundial. Por otra parte. A medida que estos vientos cargados de vapor alcanzan las masas continentales del planeta, se producen condiciones climáticas específicas en cada lugar. Podemos citar como ejemplo finales de julio en el oeste de la India, el aire cálido y húmedo empujado hacia arriba por una capa de montañas llamada Catis, se elevan gigantescas nubes, el resultado de este fenómeno son las lluvias monzónicas, trillones de toneladas de agua caen desde el cielo, transformando la región seca en fértiles llanuras, en China, gracias a estas lluvias, miles de arrozales se ven beneficiados, llevando alimentos a más de 3.600 millones de personas, casi la mitad de la población mundial. Por otra parte. el resultado de este fenómeno son las lluvias monzónicas, trillones de toneladas de agua caen del cielo, transformando la región seca en fértiles llanuras, en China, gracias a estas lluvias, miles de arrozales se ven beneficiados, llevando alimentos a más de 3.600 millones personas, casi la mitad de la población mundial. Por otra parte. el resultado de este fenómeno son las lluvias monzónicas, trillones de toneladas de agua caen del cielo, transformando la región seca en fértiles llanuras, en China, gracias a estas lluvias, miles de arrozales se ven beneficiados, llevando alimentos a más de 3.600 millones personas, casi la mitad de la población mundial. Por otra parte.

Del lado del globo, los vientos necesitan atravesar la inmensa Cordillera de los Andes para llegar a la parte central de Chile. La altura elimina la humedad del aire originando una de las regiones más secas del mundo, el Desierto de Atacama, con un punto que nunca se ha registrado la ocurrencia de lluvias. Steam es una de las principales fuerzas de mantenimiento del mundo, pero es solo una de un sistema mucho más complejo.

Las temperaturas heladas en los polos y calientes en el ecuador tienen una variación de más de 72° C, gracias a estas variaciones todo el aire y toda el agua alrededor del planeta son conducidas, creando mecanismos invisibles e inesperados para el mantenimiento de la vida en la Tierra. .

Para entender el siguiente componente y analizarlo desde otra perspectiva extraordinaria, necesitamos ir al sur del planeta.

Cerca de la región antártica, donde la plaga sufre el influjo de un inmenso torbellino de proporciones continentales, uno de los ejemplos más relevantes se da en las aguas a los 60° Sur, son los vendavales de los 60° de latitud, los mares más agitados y agresivos de la Tierra, donde vientos y tormentas persistentes azotan con furia incesante el Océano Antártico, y levantando más de 130 millones de toneladas de agua por segundo, todo este proceso es impulsado por el movimiento del calor que viaja desde el ecuador hacia los polos.

Continente Antártico (Imagen de la NASA, Satellite Aqua)

Capítulo 2 - Antártida

Antes de continuar con nuestro estudio, es fundamental que conozcamos las diferencias entre el continente ártico y el continente antártico, analicemos la imagen a continuación...

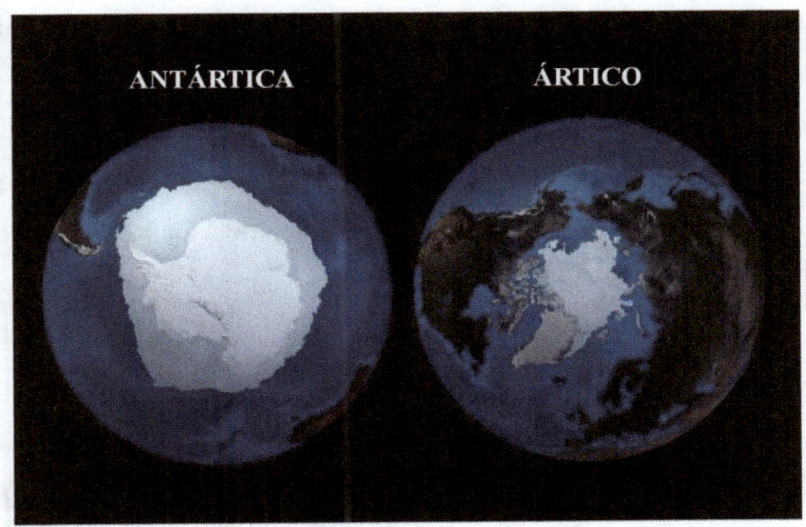

Fuente:Goddard SpaceFlightCenter de la NASA

Algunas peculiaridades entre los dos continentes son; el Articono tiene masa terrestre, es una masa continental de hielo flotando sobre el océano, está integrado con ocho islas a su alrededor, son;

Groenlandia, Isla Ellesmere, Isla Vitoria, Isla Bank, Isla Wrangel, Isla Sévernaya Zemlyá, Tierra de Francisco José, Spitsbergen. En esta región podemos encontrar los majestuosos Témpanos y los famosos Glaciares.La población que vive en el continente norte es muy variada, formada por personas que se asentaron en el Estrecho de Bering y Groenlandia. Hay aproximadamente 135 mil personas viviendo en esta región. La Fauna más característica del Ártico son los osos polares, que acuden año tras año, reduciendo su contingente por los cambios climáticos y la falta de alimento. El clima en el Ártico tiene grandes variaciones a lo largo del año. Situada en el extremo norte del planeta y debido a la inclinación del eje terrestre, algunos puntos permanecen sumidos en la oscuridad durante el invierno. Incluso en verano, la luz solar que llega a la región es baja, por lo que la energía solar es poca y gran parte de ella se refleja de regreso al espacio por el color del hielo. A lo largo del año, o El Ártico irradia más calor del que recibe, y la mayor parte de su calor proviene de los trópicos a través de la circulación atmosférica y marítima. Escandinavia es la región ártica más cálida debido a la influencia de la Corriente del Golfo.

Los inviernos son largos y fríos, y los veranos son cortos y frescos, pero existen importantes diferencias regionales   .   La humedad atmosférica es generalmente bajas y precipitacioneses escasa, algunas zonas reciben menos de 50 milímetros de lluvia al año. En verano la lluvia no tiende a evaporarse rápidamente debido a las bajas temperaturas y el suelo helado (permafrost), impide su absorción, creando grandes zonas pantanosas. A ello también contribuye el deshielo de la nieve invernal, siendo frecuentes las inundaciones en grandes proporciones. La acumulación de nieve en invierno es muy variable y depende principalmente de la geografía, la humedad atmosférica y la intensidad del viento.

El Ártico se ha visto afectado por el cambio climático, lo que ha provocado la retracción del casquete helado sobre el Océano Ártico y la liberación del permafrost derretido. En septiembre de 2007, el satélite de la ESA (Agencia Espacial Europea) registró ENVISAT, el mayor derretimiento del Océano Ártico. Desde hace algunos años se presenta un derretimiento galopante en la zona del Ártico, cerca de la mitad del hielo de Groenlandia se derrite en verano en su capa superficial, pero en el año 2012 el 97% del área del manto presentaba grados de derretimiento que alcanzaban partes más altas y frías, fenómeno que aumenta los riesgos de una catástrofe ambiental y aumenta la velocidad de desplazamiento de los glaciares hacia el mar, teniendo como un consecuencia inmediata, Ártico.

En el continente antártico sus severos mares guardan un sorprendente secreto que afecta al mundo entero. Con una extensión de
14.000.000 km², en invierno permanece en total oscuridad unos seis meses al año, sus temperaturas alcanzan un promedio de (-93,2 °C) negativos, en verano sus promedios son -10 °C en la región costera y en el interior es -40°C, un lugar completamente hostil, donde tiene su mayor parte deshabitada e inexplorada. Muchos autores clasifican este lugar como "Desierto Polar" debido a su muy baja precipitación, vientos de 100km/h son comunes en la Antártida y duran semanas, con registros de tormentas de viento por encima de los 320km/h. Su fauna se limita a los pingüinos (Spheniscidae) nombre científico, su flora tiene gran dificultad para el desarrollo de los vegetales debido a los fuertes vientos, el bajo espesor del suelo y la limitada cantidad de luz solar durante el invierno. Por esta razón, la variedad de especies en la superficie se limita a plantas "inferiores", como musgos y hepáticas. Además, existe una comunidad autótrofa, formada por protistas. La flora continental se

compone de líquenes, briófitas, algas y hongos. El crecimiento y la reproducción suelen ocurrir en verano. Hay unas 230 especies de líquenes y unas 54 especies de briófitas. En el continente hay 712 especies de algas, la mayoría de las cuales forman el fitoplancton. Las diatomeas y las algas de la nieve, algas microscópicas que crecen sobre la nieve y el hielo dándoles color, son abundantes en las regiones costeras durante el verano.

Actualmente hay científicos de varios países estudiando el continente, para una mayor comprensión de la importancia global de este hielo local. Con estos datos recopilados y con la ayuda de los satélites, han llegado a la conclusión de que una serie de particularidades hacen de la región la más fría del planeta, y con estos resultados, podemos concluir que este continente mantiene todas las formas de vida en la Tierra, incluyendo los abundantes bosques que se encuentran a miles de kilómetros de distancia. Con la unión de fragmentos de datos obtenidos por 17 satélites diferentes, se observó un poderoso sistema climático que rodea a todo este continente. Un enorme torbellino impulsado por la rotación de la Tierra, y a medida que el aire caliente y húmedo migra hacia el sur del planeta, se potencia y forma un gigantesco sistema invisible llamado Polar Jet. El viento implacable empuja el agua del mar hacia abajo, y el Océano Antártico pasa por el único paralelo en el mundo que no tiene tierra, y como resultado, una inmensa corriente circular gira sin cesar, esta es la corriente oceánica más fuerte del planeta, creando la famosa Vendaval de latitud 60° que se intensifica con la combinación del vapor de agua, los vientos y la forma de la Tierra. El Chorro Polar es tan poderoso que aísla la Antártida del resto del mundo, evitando que el calor y la humedad lleguen a su interior, dando lugar a la región más seca y ventosa del globo. Aquí las ventiscas no son provocadas por las precipitaciones que vienen del cielo sino por los vientos que levantan el hielo del suelo, este aire denso y helado es resultado de los Chorros Polares que es capaz de enfriar todo el continente. En invierno, las condiciones aún más severas, desencadenar un proceso esencial para la vida que ocurre bajo el hielo. Este proceso, lejano e invisible a los ojos de cualquier ser humano, sucede algo extraordinario, teniendo un efecto en todo el mundo, cada invierno en la Antártida, se forman 25 mil toneladas de banquisas llegando a un área más grande que Australia. Con los datos colocados en un modelo, podemos analizar la pérdida y ganancia de masa continental en un período de dos años, este es el principal cambio estacional en la Tierra, produciendo efectos profundos en la vida alrededor del planeta. Todo este proceso se da, gracias a las características físicas del agua salada. En una zona remota de la costa llamada mar de Weddell se forman una serie de polinias, extensas zonas de agua marina rodeadas de hielo, con vientos catabáticos que enfrían el agua del mar a temperaturas bajo cero. Cuando la temperatura en la capa superior del océano alcanza los -1,5°C, se cruza un límite peligroso. Ahora bien, todo este mando lo asume otra peculiaridad del agua salada, en la superficie el mar se empieza a congelar, los cristales de microscopio empiezan a crecer y entrelazarse, a congelarse totalmente, el agua necesita deshacerse de la sal, el agua que queda se vuelve líquida moresalty, formando una salmuera que gotea a través de los largos tubos creados por el hielo recién formado. Esta salmuera es más densa que el agua salada común y ocupa los espacios más profundos del océano, esta agua más densa lleva consigo el oxígeno presente en el aire de la superficie que conduce a las profundidades. para congelarse totalmente, el agua necesita deshacerse de la sal, el agua que permanece líquida se vuelve más salada, formando una salmuera que gotea a través de los largos tubos creados por el hielo recién formado. Esta salmuera es más densa que el agua salada común y ocupa los espacios más profundos del océano, esta agua más densa lleva consigo el oxígeno presente en el aire de la superficie que conduce a las profundidades. para congelarse totalmente, el agua necesita deshacerse de la sal, el agua que permanece líquida se vuelve más salada, formando una salmuera que gotea a través de los largos tubos creados por el hielo recién formado. Esta salmuera es más densa que el agua salada común y ocupa los espacios más profundos del océano, esta agua más densa lleva consigo el oxígeno presente en el aire de la superficie que conduce a las profundidades.

La formación de hielo se vuelve más rápida e intensa y en poco tiempo grandes bloques de hielo plano comienzan a flotar en la superficie formando una masa rígida, en apenas siete días el proceso microscópico ya puede ser analizado por satélites, con sus sensores y submarinos presentes para este estudio, en el revelar una transformación extraordinaria trayendo una consecuencia aunque nunca antes pueda ser estudiada. Cada segundo, 1,5 millones de metros cúbicos de agua densa y salada descienden al fondo del mar, en una corriente vertical incontrolable, esta agua al llegar al fondo del mar, se esparce por cientos de kilómetros, formando una cascada sobre la plataforma continental. , emerge una inmensa cascada submarina que nunca ha sido vista por un ser humano, con torrentes equivalentes a 500 veces las Cataratas del Niágara. El frío,

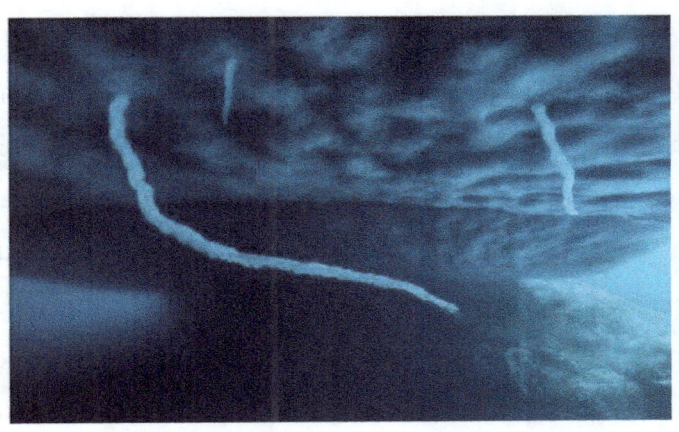

Con una combinación de datos dentro de un modelo matemático, nos muestra el flujo de esta agua de regreso al ecuador, migrando hacia el norte del planeta haciendo que los océanos sean más fríos y agitados, este sistema regula la temperatura promedio en 0.5 C. Esta estabilidad permite la vida florezca protegiéndola de cambios drásticos en el clima del planeta. Cuando las aguas más profundas finalmente regresan a la superficie, las corrientes más calientes y rápidas se unen, volviéndose más dinámicas. A través del análisis, el océano se muestra como una sola masa en un torbellino incesante, las temperaturas de estas corrientes superficiales varían con la energía que recibe el sol y con estas variaciones se determinan las cantidades de vapor que se liberarán al aire y provocarán cambios estacionales. Cambios tanto en continentes como en océanos. En otoño, cuando las Corrientes del Golfo se vuelven más frías, los árboles de Edge cambian su color a un tono más rojo y comienzan a perder sus hojas, seis meses después, en el otro lado del mundo, el arroyo Kuroshio comienza a calentarse permitiendo que los cerezos florezcan en todo Japón. Procesos similares ocurren en todo el mundo, determinando los ciclos estacionales de casi todas las formas de vida en la Tierra.

A través del análisis computacional, podemos concluir que el océano y la atmósfera están íntimamente conectados, un sistema continuo unido por más de doce billones de toneladas de agua que flotan en el aire de forma ininterrumpida.

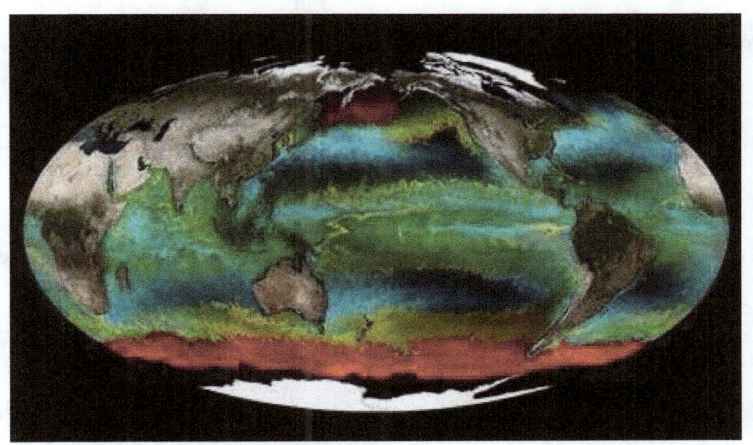

En verde, representación del vapor de agua alrededor del planeta.

Cada tormenta, cada pequeña gota de agua, es parte de este complejo engranaje que impulsa todas las actividades que forman el Nuestro mundo, sin embargo, todavía hay mucho más en este mecanismo planetario de lo que se imagina. Frente a uno de los sistemas más violentos de la Tierra, la salmuera helada de la Antártida está experimentando otra transformación. En el punto de encuentro entre el fuego y el agua sucede algo fascinante, un proceso que sustenta a casi toda la vida en el mundo.

Al occidente del Perú, el mar es arrebatado por un frenesí alimentario... El plancton sirve de festín a millones de sardinas y anchoas, cada enano, miles de peces depredadores y aves marinas migran a la región para alimentarse de estos cardúmenes, es uno de los mayores volúmenes de vida marina del planeta, convirtiéndose además en un área extremadamente atractiva para la pesca, pero esto es mucho más que un lugar rico para la actividad pesquera, es principalmente, uno de los mejores ejemplos de cómo dos de los sistemas de la Tierra son capaces de interactuar un prolífico de la vida.

El primero de este sistema es el ciclo del agua, el otro se encuentra en el interior caliente y burbujeante del planeta. De aquí se originan casi todas las demás sustancias necesarias para la constitución de la vida, el mundo no es una esfera sólida formada sólo de rocas, sino un círculo ardiente de líquido fundido con una costra fría en el exterior. La superficie de la Tierra es como una capa de una gota de lluvia, de naturaleza inestable.

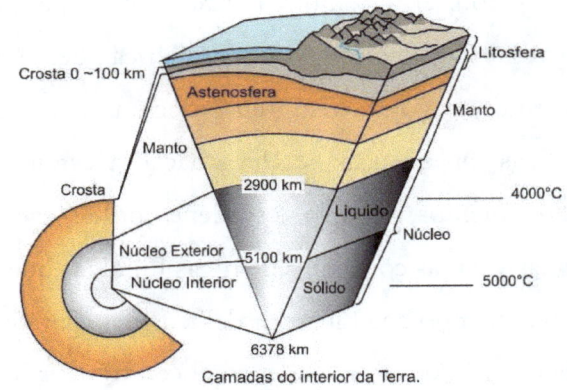

Camadas do interior da Terra.

Marzo de 2011, un terremoto de magnitud nueve en la escala de Richter golpea la ciudad de Sendai, capital de la prefectura de Miyagi en Japón, el terremoto fue tan fuerte que arrojó partes del país 2,5 metros hacia América del Norte. Simultáneamente, un volcán entra en erupción, una enorme nube de cenizas piroclásticas se eleva hacia la estratosfera. Estos eventos violentos, son solo desórdenes locales, causados por las antiguas y lentas corrientes de rocas fundidas que circulan todo el tiempo en el interior del planeta, alimentados por el debilitamiento de la radiación en el centro de la Tierra. La sustancia que se filtra a través de la corteza, proporciona elementos básicos necesarios para la vida, dos sistemas, uno de fuego y otro de agua, que interactúan en varios lugares y el encuentro más importante de todos se da en el fondo del mar.

Capítulo 3- Plancton y Fitoplancton

En las profundidades del Océano Atlántico, a 2.500 metros de la superficie, se esconde una cadena de volcanes submarinos, aquí todo es invadido por lava y gases recalentados, final de un viaje de 25 millones de años desde el lejano centro de la Tierra. Aquí, ácidos y tóxicos cuya presión es cientos de veces mayor que en la superficie, se produce la química básica de la vida, los gases que normalmente se evaporarían, reaccionarían vigorosamente con las aguas densas y ricas en oxígeno de la Antártida, mar los minerales calientes que han viajó por el interior del planeta durante millones de años disolviéndose en el agua del mar. En este momento, se produce una reacción con el oxígeno, enriqueciéndose en nutrientes.

Las aguas oceánicas ahora llenas de minerales del interior de la Tierra emergen de las fuentes hidrotermales, los seres vivos luchan por utilizar estas aguas, las bacterias son las primeras en colonizar estas fuentes. Son condiciones muy fértiles para el desarrollo de estos minúsculos organismos. Luego, criaturas más complejas comienzan a alimentarse de estos microorganismos y estos a su vez se alimentan de sí mismos, la abundancia es tal que de este proceso sobra una cantidad enorme, por lo que las corrientes oceánicas se encargan de transportar el excedente alrededor del mundo hasta que finalmente llegar a la superficie del mar. Otras corrientes erosionan las masas continentales del planeta y extraen minerales directamente de las rocas.

Volviendo a los famosos caladeros de la región peruana, las profundas corrientes oceánicas son impulsadas hacia arriba a medida que se acercan a las masas continentales sudamericanas, trayendo consigo abundantes nutrientes. El fitoplancton, organismos vegetales microscópicos que consumen vorazmente la luz solar y el agua rica, el dióxido de carbono se disuelve en el aire, proporcionando a estas criaturas unicelulares todo lo que necesitan para crecer y reproducirse. En este momento se multiplican exponencialmente, llegando a miles de millones de unidades que pueden ser captadas por sensores satelitales.

En solo 24 horas, 500 kilómetros cuadrados de océano azul se vuelven verdes, el crecimiento del fitoplancton desencadena uno de los mayores frenesíes alimentarios del planeta. La emergencia similar de nutrientes en todo el mundo proporciona la eflorescencia de más plancton, que se puede ver a través de la más alta tecnología, crean enormes franjas verdes en el globo que alcanzan hasta una quinta parte de los océanos.

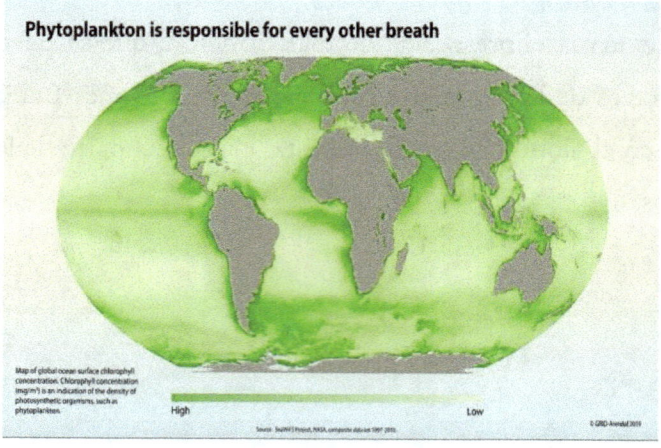

El plancton es la base de toda la cadena alimenticia, capaz de transportar minerales desde la Tierra directamente a todas las criaturas marinas, estos minerales que alguna vez circularon por el interior del planeta durante millones de años, ahora son instrumentos esenciales para este equilibrio oceánico. En las próximas 24 horas, los plancton que no les sirvieron de alimento, se sumergen nuevamente, llevándose consigo a las profundidades el carbono y los minerales ingeridos durante el trayecto, permaneciendo en el fondo del océano durante miles de años, formando una gruesa capa de diminutos cadáveres. de hasta un kilómetro de espesor, en el futuro, la mayoría de estos volverán a emerger en una segunda etapa, aportando las sustancias químicas necesarias para la continuidad de la vida en la Tierra.

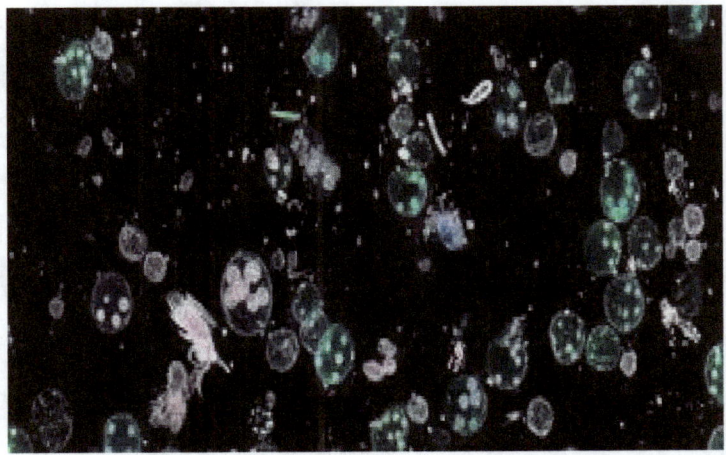

Este proceso juega un papel fundamental en la formación de los alimentos que consumimos y del aire que respiramos, además, abastece al ecosistema más rico en la superficie de nuestro planeta, la Selva Amazónica. Para entender cómo funciona todo este proceso, tendremos que ir a uno de los lugares más secos y polvorientos de la Tierra, el violento desierto del Sahara.

Los sistemas de la Tierra funcionan de diferentes maneras, algunos porque el clima es más dinámico, otros porque el núcleo de la Tierra tarda algunos milenios en completar un solo ciclo. Con la tecnología más avanzada, podemos entender cómo lo lento y lo rápido caminan lado a lado generando resultados extraordinarios.

El desierto del Sahara en el continente africano es un territorio seco, pero un día verde y exuberante, aún hoy juega un papel fundamental en el ciclo de vida de la Tierra. En el mes de mayo, el apogeo de la estación más seca, los viajeros recorren a lomos de sus camellos una de las regiones más peligrosas del Sahara, la Depresión de Bodéle, un antiguo mar que se secó hace cinco mil años. El suelo llamado Diatomita se obtiene a partir de residuos muy antiguos de plancton, ricos en compuestos de hierro y fósforo, dos elementos esenciales para todos los organismos vivos. El dato más curioso es que estos mismos granos de arena revivirán en apenas seis días un bosque tropical a ocho mil kilómetros de distancia. Para comenzar este proceso de renacimiento, es necesario que solo una escama de diatomea esté suspendida en el aire. La escama se fractura en un polvo finísimo y transportada por los vientos, rápidamente el aire se llena de escamas cada vez más microscópicas, a través de los datos proporcionados por el satélite MeteoSat, revelan un movimiento diario de polvo, apareciendo una gigantesca nube que emerge directamente del desierto El polvo se levanta todos los días con una precisión impresionante exactamente al mediodía, lo que comenzó como un proceso microscópico que en poco tiempo se convirtió en una gran tormenta de arena. Cien pisos de altura y cientos de kilómetros de ancho, la nube de plancton antiguo ahora sopla sobre África, en la costa oeste el polvo es levantado por los vientos predominantes dando lugar a un viaje épico a través del Océano Atlántico, los satélites nos revelan que cincuenta -Cada día se transportan cuatro mil toneladas de polvo recorriendo ocho mil kilómetros hasta su destino final, la Amazonía. Es aquí,

Durante la temporada de lluvias en la región, la incesante precipitación esparce sobre la selva un total de cuarenta millones de toneladas de polvo africano, lo que antes era plancton ahora se deposita en el suelo y las raíces de los árboles revitalizan la selva, el proceso de fertilización de la Amazonía por el polvo del Sahara permaneció desconocido para la humanidad hasta la llegada del satélite Tierra. Con instrumentos extremadamente sensibles capaces no solo de observar la migración del polvo de África al Amazonas sino también de medir el dosel del bosque a través del espacio, también es posible hacer una estudiar con el final de la temporada de lluvias en la región y seguir el regreso del sol, por primera vez después de seis meses, el sol brilla directamente sobre el bosque. El resultado es una explosión de crecimiento, por cada hoja salen tres más en un periodo de diez días, una ola verde atraviesa el continente, la migración de polvo de la depresión de Bodéle al Amazonas es solo uno de miles de procesos Similar a la distribución de minerales esenciales para los ecosistemas vivos en todo el mundo, desiertos, montañas y sedimentos antiguos, cada elemento tiene su composición propia penetrando la cadena vital de las más variadas formas. Cada porción de la suela alrededor del planeta depende de estos procesos, las grandes llanuras de América del Norte, perfectas para la producción de maíz y trigo, se forman a partir de depósitos glaciales, el delta del río Ganges en Bangladesh es rico en hierro que se erosiona desde el Siendo el Himalaya uno de los ingredientes fundamentales para el cultivo del arroz, otros minerales son transportados a todo el planeta por el aire, el agua y el hielo, como consecuencia de este proceso,

Las plantas no son sólo un producto de la tierra, configuran una poderosa fuerza, capaz de transformar el planeta a millones de personas.

años, son responsables de los cambios en la atmósfera y definición de los seres humanos, dando forma a muchos aspectos de nuestros cuerpos y mentes.

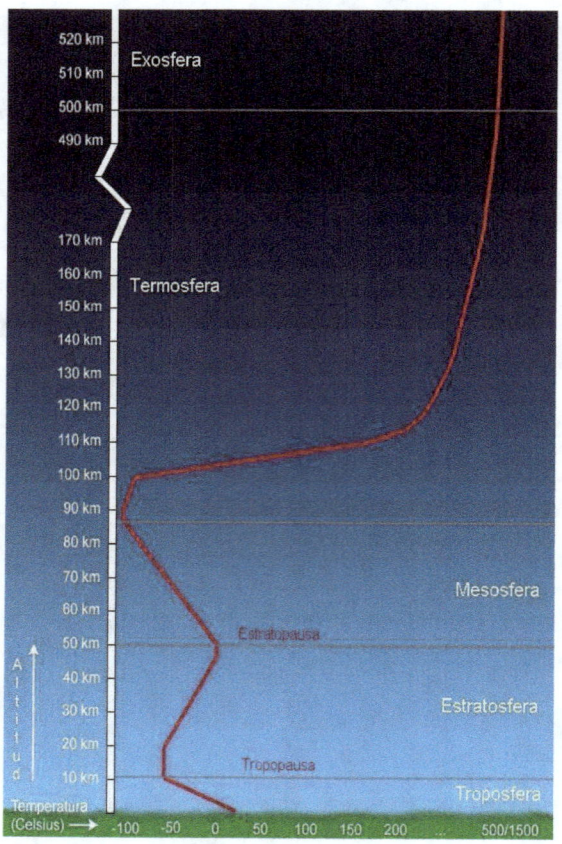

Capítulo 4- La Selva Amazónica

Otro extraordinario proceso del planeta visto a través de los satélites, a partir de los análisis realizados por computadoras, se evidencia un movimiento diario de partículas invisibles de oxígeno y dióxido de carbono en el aire, sin embargo, estas sustancias esenciales para la vida no son fruto de un proceso geológico sino de trillones de pequeñas respiraciones. Para entender este sistema habrá que volver a la Amazonía, este bosque húmedo tropical existente con unos cincuenta y cinco millones de años de edad, es uno de los ecosistemas vivos más antiguos de la Tierra, su biodiversidad es tan única que alberga más de la mitad de las formas vivas del planeta. Con una autonomía de seis millones y medio de kilómetros cuadrados de puro verde. Al igual que la Antártida y el desierto del Sahara, este antiguo ecosistema juega un papel clave en el desarrollo del planeta. un papel esencial para el ritmo de vida de todo el planeta. Aquí comienza el proceso en los pequeños agujeros presentes en las partes bajas de los trillones de hojas existentes en el bosque.

Durante el día, las hojas absorben el dióxido de carbono presente en el aire, convirtiéndolo en azúcar y liberando el gas volátil que llamamos oxígeno.

Proceso de evapotranspiración

A lo largo de su vida, un solo árbol es capaz de liberar millones de metros cúbicos de este preciado gas, la Amazonía procesa diariamente, una quinta parte de todo el oxígeno del mundo.

Durante décadas fue considerado el pulmón del mundo, ahora, con toda la tecnología de las computadoras y los satélites, empieza a quedar claro que nada de los sistemas planetarios terrestres es sencillo. A partir del análisis del satélite de la Tierra se pudo comprobar que la mayor parte del oxígeno producido durante el día es reabsorbido por el propio bosque por la noche, se da un paso más para que se libere el exceso de oxígeno.

Cada 24 horas, dos millones de toneladas de sedimentos son transportados desde la selva hacia el vasto río Amazonas, estos sedimentos viajan seis mil kilómetros hacia el este llegando al Delta del Amazonas, aquí el plancton presente en el agua absorbe los sedimentos, con más luz solar. y más dióxido de carbono presente en el aire, la población de plancton vuelve a explotar. La cantidad de oxígeno liberada por el plancton es de un volumen gigantesco, que nuestros satélites pueden observar desde el espacio. La mitad de todo el oxígeno presente en la atmósfera proviene del plancton, estas pequeñas criaturas son los verdaderos pulmones de la Tierra.

El plancton mantiene la atmósfera en perfecto equilibrio y este proceso permite el siguiente eslabón de la cadena vital.

Una atmósfera rica en oxígeno volátil permite criaturas más dinámicas y complejas, capaces de moverse rápidamente usando colas, alas, brazos y piernas. En realidad, el equilibrio de los gases en el aire no solo define el tamaño de nuestro cuerpo, sino que determina casi todo lo que somos. Sin embargo, el oxígeno también tiene un lado negativo, su extrema volatilidad es capaz de provocar reacciones violentas e incontrolables, y la más implacable de estas es el fuego, este pequeño detalle solo nos muestra una pequeña parte del complejo sistema que es el planeta Tierra.

Capítulo 5- El fuego

Octubre de 2013, un inmenso incendio castiga Canadá, más precisamente en el territorio de Yukón, un área con una geografía peculiar, una región montañosa, salvaje y escasamente poblada, el Parque Nacional y Reserva Kluane alberga el Monte Logan, el pico más alto del país, como así como glaciares, senderos y el río Alsek. En menos de una semana, las llamas arrasan veinticinco mil kilómetros de bosque, simultáneamente en Siberia, otro incendio arrasa con cuatro mil hectáreas de bosque. Todo esto es una pequeña muestra del poder único del fuego en todo el mundo.

Todos los días, la Tierra es devastada por enormes incendios, que nuestros modelos analizan como grandes manchas rojas. El fuego es otro de los sistemas más extraordinarios de la Tierra y juega un papel fundamental en el ciclo de vida del planeta.

Bosque Boreal, norte de Canadá es posible vellón en acción, este abundante bosque de piceas tiene una relación muy especial con el fuego, aquí el frío extremo mata y adormece a la mayoría de los árboles, atrapados en estos troncos, son los componentes necesarios para la aparición de nuevos formas de vida, sin embargo, en estas condiciones, este proceso tardaría cientos de años, pero en presencia de fuego, podría desencadenarlo en cuestión de horas.

Bosque de abetos (Canadá)

La mayoría de los incendios naturales parten de descargas eléctricas aleatorias del cielo, las Piceas, son un combustible perfecto para el fuego, su combustión es tan fácil y rápida que una pequeña chispa es capaz de hacerlas estallar en llamas. De esta manera, el oxígeno volátil deshace su golpe letal, el oxígeno caliente se une a los átomos de carbono presentes en la madera de los árboles generando más calor haciendo que la unión del oxígeno con nuevos átomos de carbono sea más rápida y generando mucho más calor haciendo que las llamas se intensifiquen. . A medida que el fuego devora todo a su alrededor, se libera la energía solar que estaba almacenada dentro de las plantas, esta es la dinámica del fuego.

Observar una llama ardiendo es presenciar el poder del sol mientras se libera de la vida que lo aprisionó por mucho tiempo, en cuestión de horas, lo que comienza con una pequeña chispa lleva a cientos de hectáreas de bosque a arder. La materia orgánica almacenada por estos árboles durante cientos de años se convierte rápidamente en cenizas, estas llamas eliminan los organismos muertos y enfermos del bosque reciclándolos y devolviendo sus minerales al suelo.

Como observamos el fuego de este prisma, no es más que la parte de un renacimiento y regeneración. El fuego existe desde la evolución de las plantas, al mismo tiempo que comenzaron a producir oxígeno, posibilitaron la producción de las sustancias necesarias para la combustión, además de posibilitar la existencia del fuego, muchas plantas también dependen de él, los abetos, por ejemplo, evolucionaron de tal forma que soltaron sus semillas en medio de las cenizas que se acumulan en el suelo tras un incendio.

A través de los satélites en la órbita terrestre, es posible visualizar los efectos de los incendios alrededor del mundo, luego de cada uno de ellos, lo que sigue es la tendencia de un nuevo crecimiento de la vida, preservando la salud y promoviendo la regeneración de diversos ecosistemas de el mundo, evitando de manera única su estancamiento.

Los satélites nos revelan cómo el fuego, el clima, el agua y el hielo se asocian para el mantenimiento del ciclo de vida, todo está interconectado en un sistema milenario y completo, pero esto es solo el comienzo de los descubrimientos realizados a través de las nuevas tecnologías. Con esto, somos capaces de analizar, explorar e identificar cualquier reacción externa que nos muestre con convicción, que ningún elemento puede ejercer mayor influencia en el planeta que el sol.

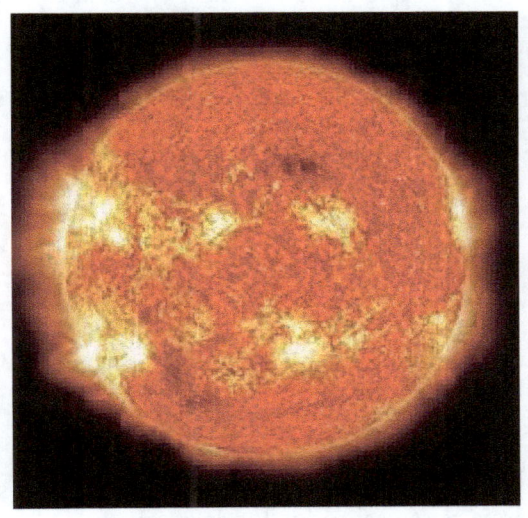

Capítulo 6 - El Sol

Durante las 24 horas que tarda la Tierra en realizar su movimiento de rotación, ésta reacciona a las fuerzas extraordinarias del sol, cada día se vierten en la Tierra 170 millones de gigavatios (GW), lo que corresponde a siete mil veces la energía consumida por la humanidad. superficie del planeta, desencadenando una ola incesante de actividad.

Al amanecer las plantas y el plancton inician el proceso de fotosíntesis, aprovechando la luz solar producen azúcares y almidones que son la base de la cadena alimenticia y la principal fuente de energía para casi todos los seres vivos.

La luz del sol controla los vientos y el clima en todo el mundo durante la noche, cuando el aire se enfría, se desencadenan muchas lluvias. Nosotros también somos parte de este ciclo circadiano y respondemos al flujo de energía que proviene diariamente del sol. Para producir vitaminas en la piel, las células de nuestro cuerpo necesitan la luz solar, incluso las rutas de los vuelos revelan una estrecha relación con el sol, durante las mañanas las aeronaves se desplazan hacia el oeste para prolongar el día y en los vuelos nocturnos se desplazan hacia el este, para la propósito de acortar la noche.

La ironía, sin embargo, es que la amenaza a este sistema armonioso proviene del mismo lugar que permitió su existencia, la energía emitida por el sol.
En base a los análisis del satélite SDO, se estudia a fondo un registro infrarrojo de la radiación liberada por nuestra estrella. Partículas cargadas, fracciones de protones, electrones y neutrones se descartan todo el tiempo junto con enormes pulsos de radiación electromagnética.

Esporádicamente, el sol descarta eyección de masa coronal, con una supercomputadora fue posible seguir las imágenes de una inmensa nube de plasma de millones de kilómetros de largo hacia la Tierra.

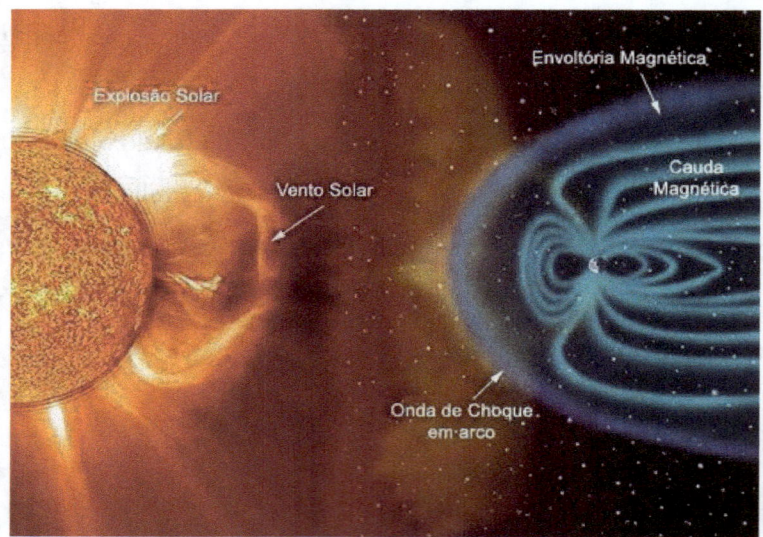

Si por un instante, estas partículas solares fueran capaces de alcanzar la superficie de la Tierra, producirían mutaciones fatales en el ADN (ácido desoxirribonucleico) de todos los seres vivos, provocando graves problemas en nuestro planeta. Afortunadamente el planeta puede defenderse.

Nuestro planeta está rodeado por un campo de fuerza invisible llamado Magnetosfera, con imágenes de cinco satélites sincronizados magnéticamente, esta red tecnológica llamada Themis. Una misión espacial que originalmente sería una constelación de cinco satélites identificados como:

THEMIS A, THEMIS B, THEMIS C, THEMIS D y THEMIS E, estudiarían los lanzamientos de energía de la magnetosfera terrestre conocidos como subtempestades, fenómenos celestes que intensifican la ocurrencia de auroras cerca de los polos norte y sur.

Actualmente, tres de los satélites permanecen en órbita delTierra,dos de ellos han sido desviados a la vecindad laLunarorbita.Lanzado en 17febrero de 2007desde la base de lanzamiento aeroespacial encabo Cañaveral,Estados Unidos, a bordo de undelta IIcohete. Cada satélite lleva instrumentos idénticos, incluyendo un magnetómetro fluxgate (FGM), un electrostático(ESA), un analizador de estado sólidotelescopio (SST), un magnetómetro de bobina de búsqueda SCM) y un instrumento de campo eléctrico (EFI). Cada uno tiene una masa de 126 kg, incluidos 49 kg de combustible.

Nos revelaron nuestro campo de fuerza constantemente bombardeado por el sol, la forma del campo se forma solo por los fuertes ataques de radiación, una laguna nebular de 320 kilómetros de diámetro, ola tras ola, las partículas solares llegan a la magnetosfera, la mayoría de ellas son desviadas, pero cuando el campo es golpeado por una eyección de masa coronal, las partículas cargadas logran romper su capa más externa, en secuencia, una vez que atraviesan el escudo, quedan libres para su avance hacia el planeta. El campo magnético guía las partículas hacia los polos, dando lugar a uno de los espectáculos más impresionantes de la naturaleza, las auroras boreales y las auroras australes o más popularmente conocidas como Auroras Boreais y Auroras Austrais. En la imagen de abajo es posible analizar la segunda capa de defensa de la Tierra.

Gigantescas tiras de plasma forman una corriente descendente, rodeando los polos del planeta, al alcanzar rápidamente la capa superior de la atmósfera, agitan las moléculas de aire haciendo que comiencen a brillar, el oxígeno irradia los colores rojo y verde, y el nitrógeno irradia el color azul. Una energía capaz de modificar toda la vida en la Tierra es disipada por la capa superior de la atmósfera, así el planeta ha sido capaz de protegerse durante millones de años contra la radiación mortal del sol. Pero incluso con este aparato extraordinario, es solo una parte de cómo la atmósfera puede proteger la vida en la Tierra.

Imágenes de la Magnetosfera de la Tierra

Incluso sistemas más poderosos existen muy por debajo, sin los cuales la vida sería imposible.

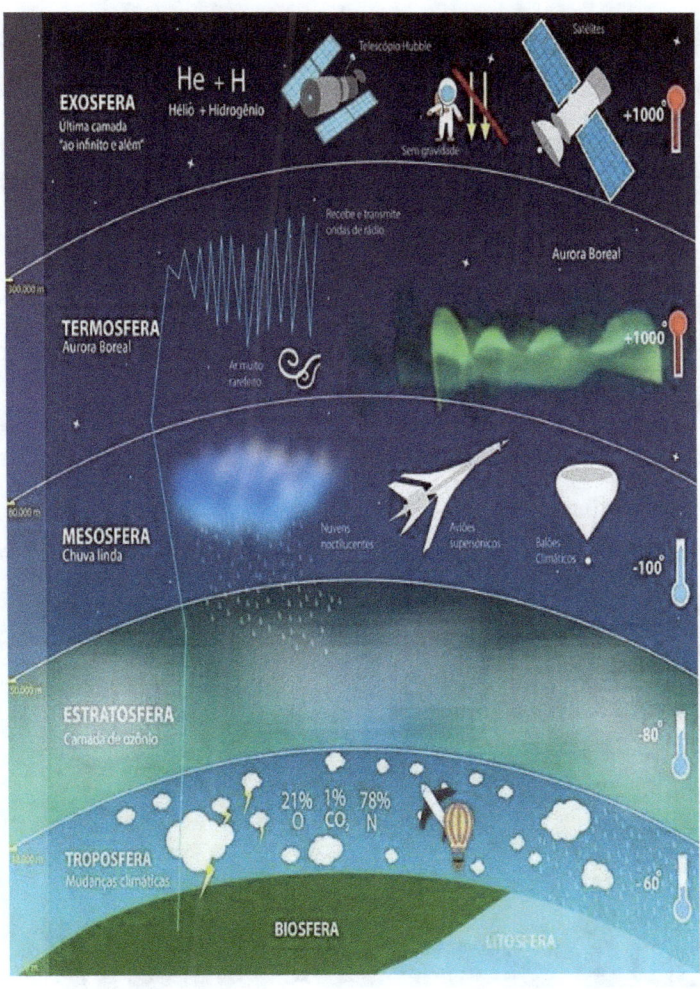

Capítulo 7- La atmósfera terrestre

La atmósfera de la Tierra es un recurso muy delicado, una delgada capa azul capaz de encapsular todo nuestro mundo. Esta fina capa de oxígeno y nitrógeno, está sometida a intensos bombardeos de luz solar y calor, fuerzas que en caso de descontrol, son capaces de destruir toda la atmósfera.

Durante la noche, estos satélites investigan el murmullo de la Tierra por medio de rayos. Con el apoyo de astronautas de la Estación Espacial Internacional (ISS), brindan datos impresionantes, una intensidad frecuente de tormentas eléctricas. ¿Por qué el planeta necesita y produce estos fenómenos?

Con el uso de la más alta tecnología, esta respuesta se vuelve clara; la atmósfera de la Tierra está en busca del equilibrio. Cada día, la fuerza combinada del vapor y la luz del sol crea cuarenta mil nubes, cargadas con una inmensa cantidad de energía eléctrica. Cada treinta minutos, una nube de tamaño medio es capaz de generar 100 (MW) megavatios, energía suficiente para abastecer la ciudad de Campinas durante un minuto. Para equilibrarse, la nube descarga energía negativa al suelo en forma de rayo, liberando simultáneamente una carga positiva.

Al tope hacia el cielo, de cada nube emerge una inmensa columna de cargas, esta fuerza invisible se desplaza casi a la velocidad de la luz hacia la capa exterior de la atmósfera, la Ionosfera.

Esta capa está formada por un delgado velo formado básicamente por (H) hidrógeno y (He) helio, con los datos proporcionados por los satélites es posible ver la interacción de las cargas eléctricas con este campo extremadamente enrarecido. La ionosfera actúa como conductor eléctrico, distribuyendo la carga por todo el planeta.

Ahora sabemos que la vida sería imposible sin este circuito eléctrico global.

Todo esto se debe a una extraordinaria reacción química que se produce en el interior de las nubes cargadas con la apariencia de un rayo. La carga eléctrica dentro de la nube se está volviendo extremadamente fuerte que
el aire se descompone en iones, consecuentemente se forma un diminuto camino por donde pasa una corriente eléctrica. En milésimas de segundo, se dispara un rayo, su grosor es similar al de un pulgar humano, pero su temperatura es cinco veces mayor que la superficie del sol. Al atravesar el aire, este ardiente rayo de energía destruye las moléculas de (N) nitrógeno, el (O) oxígeno se une al (N) nitrógeno originando una sustancia llamada (*NUMERO 3*) Nitrato.

Diariamente unas catorce mil toneladas de (*NUMERO 3*) los nitratos son transportados por todo el mundo, con las lluvias esta sustancia se esparce por el suelo siendo un elemento esencial para casi todas las formas de vida en la Tierra, desde la fotosíntesis de las plantas hasta la respiración de organismos más complejos.

nitrato (*NUMERO 3*) impulsa las reacciones químicas más importantes para los seres vivos desde hace millones de años. Con los datos que llegan a diario, podemos concluir un intrincado mecanismo que configura y reconfigura la vida en cada momento y que impulsa los latidos del corazón de cada ser humano en todo el planeta. Lo que falta aún más es una parte de este complejo sistema, que es la consecuencia profunda e innegable de una sola especie animal, la raza humana.

Capítulo 8 - Seres humanos

De todas estas tecnologías, se nos ha revelado un sistema oculto y complejo que se entrelaza en todos los niveles, procesos extremadamente lentos se conectan con otros que ocurren en milisegundos, ciclos interminables de muerte, descomposición, regeneración y renacimiento llenan el mundo.

Desde el poder implacable de la energía solar y el agua, desde las fuerzas electromagnéticas que operan a nuestro alrededor, cada interacción nos revela una armonía y un equilibrio preciso. La humanidad es el último fenómeno natural, somos la consecuencia directa de un sistema que ha sido capaz de crear y mantener la vida durante 3.500 millones de años. Hemos desarrollado inteligencia y este hecho nos ha permitido traer aportes a los procesos más antiguos existentes en la Tierra, la humanidad ha transformado el planeta al explorar el mismo complejo sistema que lo originó.

Nuestra capacidad para controlar los ecosistemas ha permitido que nuestras civilizaciones crezcan rápidamente y se conviertan en la especie dominante. Hoy es posible ver la influencia de la humanidad, no solo y, el 82% de los territorios terrestres, sino también alrededor del espacio, con los viajes a la luna y con la Estación Espacial Internacional (ISS), ahora por fin empezamos a entender cómo es nuestro mundo. obras y qué lugar ocupamos dentro de ellas.

Este es el momento crucial en la historia de la Tierra, al observar el planeta a través de la más alta tecnología, es posible ver que nos hemos convertido en una fuerza global, ya fabricamos más (*NUMERO 3*) nitrato que un rayo, liberamos más azufre al aire que todos los volcanes del mundo, emitimos más dióxido de carbono que toda la Amazonía, nuestras ciudades producen polvo, aprovechan las tormentas eléctricas y afectan los sistemas pluviales.

Tenemos el poder de impactar en gran parte de los ciclos de la Tierra, a través del análisis, la influencia de la humanidad puede considerarse un proceso natural.

Los gases que despiden los aviones, los coches, las centrales eléctricas, etc... son efectos provocados por un animal que ha producido la propia Tierra.

Sin embargo, existe una diferencia fundamental, a diferencia del vulcanismo, los movimientos de las corrientes oceánicas o el oxígeno que liberan los bosques o el plancton, nosotros poseemos el don del libre albedrío, las tecnologías además de permitirnos los impactos que provocamos en el mundo, nos ayudan tomar decisiones conscientes sobre el consumo continuo de los recursos de nuestro planeta. Nuestros nuevos ojos tecnológicos nos están enseñando a mantener el equilibrio capaz de sustentar el mundo natural.

Referencias bibliográficas

Agencia Espacial Brasileña autarquía del Ministerio de Ciencia, Tecnología e Innovación

Programa de Glaciología Antártica. La Fundación Nacional de Ciencias. Consultado el 19 de agosto de 2009. Copia archivada el 25 de octubre de 2019.

ESA Agencia Espacial Europea

Portal ESA - Los satélites son testigos de la cobertura de hielo ártico más baja de la historia". Agencia Espacial Europea. 14 de septiembre de 2007. Consultado en 26 de julio de 2019

Evidence of Ancient Martian Life in Meteorite ALH84001?" (en inglés). Administración Nacional de Aeronáutica y del Espacio. Consultado el 26 de agosto de 2009. Archivado desde el original el 25 de agosto de 2019.

Glomsrød, Solveig et alii. "Economías árticas dentro de las naciones árticas". En: Glomsrød, Solveig; Duhaime, Gérard; Aslaksen, Iulie (eds.). La Economía del Norte. Estadísticas Noruega, 2015, págs. 37-78

JAXA - Agencia de exploración aeroespacial de Japón

NASAAdministración Nacional de Aeronáutica y Espacio

neil cristalero de AberystwythUniversidad. "Colapso de la plataforma de hielo antártico culpado por algo más que el cambio climático. Consultado el 20 de agosto de 2019. Copia presentada el 25 de diciembre de 2015.

Administración Nacional Oceánica y Atmosférica de la NOAA

Los satélites ven un derretimiento sin precedentes de la capa de hielo de Groenlandia - Laboratorio de propulsión a chorro de la NASA". NASA. 24 de julio de 2012. Consultado el 26 de julio de 2019.

Science in Antarctic" (en inglés). Conexión Antártica. Consultado el 4 de febrero de 2020. Archivado desde el original el 7 de febrero de 2006.

El agujero de ozono antártico, División de Supercomputación Avanzada de la NASA (NA)".Nas.nasa.gov. 26 de junio de 2001. Consultado el 7 de febrero de 2020. Copia presentada el 3 de abril de 2009.

http://www-loa.univ-lille1.fr/

https://aqua.nasa.gov/

https://aura.gsfc.nasa.gov/index.html

https://cloudsat.atmos.colostate.edu/

https://terra.nasa.gov/

https://www.nasa.gov/mission_pages/sdo/main/index.html

https://www-calipso.larc.nasa.gov/

www.ingramcontent.com/pod-product-compliance
Lightning Source LLC
Chambersburg PA
CBHW050254220526
45465CB00002B/680